?! 科学漫画(かがくまんが) サバイバルシリーズ

有害物質(ゆうがいぶっしつ)の サバイバル

（生(い)き残(のこ)り作戦(さくせん)）

유해물질에서 살아남기

Text Copyright © 2017 by Sweet Factory

Illustrations Copyright © 2017 by Han Hyun-dong

Japanese translation Copyright © 2018 Asahi Shimbun Publications Inc.

All rights reserved.

Original Korean edition was published by Mirae N Co., Ltd.

Japanese translation rights was arranged with Mirae N Co., Ltd.

through VELDUP CO.,LTD.

科学漫画 サバイバルシリーズ

有害物質のサバイバル

文：スウィートファクトリー／絵：韓賢東

はじめに

みなさんは化学物質についてどんなイメージを持っているでしょうか？

実は、私たちの周りは化学物質だらけです。化学物質とは、化学という学問の研究対象となる物質のことを言います。ふだん飲んでいる「水」や、私たちの体を作っている「たんぱく質」や「カルシウム」なども化学物質です。また、自然界にあるものだけではなく、人間が人工的に作り出した化学物質もあります。それらは、シャンプーや石けん、服など、私たちが毎日使っている日用品や、農薬、医薬品などに使われ、私たちの生活を便利で豊かなものにしてくれています。

人間が作り出した化学物質はたくさんあります。今も企業や大学の研究室などで、日々新しい化学物質の開発が進められています。私たちの毎日の生活は、こうした化学物質に支えられていますが、一方で、有害で危険性が指摘されている化学物質もあります。昔はその危険性に気付かずに、重大な健康被害や環境破壊など、大きな問題を起こしたこともあります。現在では、有害な化学物質の使用は、法律などで厳しく規制されています。しかし、きちんと管理しなかったり、正しい使い方をしなかったり、目的以外の使い方をしてしまったりすると、問題が起きることがあります。今回のサバイバルでは、化学物質について正しい知識を身に付け、安全に使うにはどうすればいいのかを解説しています。

Survival from TOXIC CHEMICALS

　ジオとミキは、遊びに来たピピといっしょにケイの研究室を訪れます。ずらりと並んだ掃除用品を使ってピカピカに掃除したばかりの研究室を３人に汚されてはかなわないと焦るケイをよそに、突然ピピの体に赤い発疹が現れます。いつも清潔にしないピピのせいだと言うケイと、化学物質の急性アレルギー反応だと主張するミキ。お互いに譲らない２人でしたが、ケイは化学物質について正しい知識を得るために、３人を連れて化学博物館へと向かいます。ところが博物館では原因不明の急病人が発見され、ピピも救急車で病院に運ばれることに……。
　いったい何が起きているのでしょうか。化学物質の秘密を探りに、ジオやミキたちとサバイバルの旅に出かけましょう！

　　　　　　　　　　　　　　スウィートファクトリー、韓賢東

目次

1章
掃除マニアのケイ …………………… 10

2章
化学博物館に出発！ ………………… 26

3章
食卓の有害物質？ …………………… 44

4章
ピピの危機 …………………………… 58

5章
原因を究明せよ！ …………………… 76

6章
毒ガスの正体は？ …………………… 94

Survival from **TOXIC CHEMICALS**

7章
怪しいK町 ……………………… 112

8章
怪しい謎の影 ……………………… 130

9章
化学廃棄物処理工場の秘密 ……………… 150

登場人物

ジオ

> サバイバルキングの僕には解決できないことはない！

ジャングルから海底までいろいろな場所を探検したが、まさか身近な町の中に危険が潜んでるとは予想外だった！　博物館のトイレで倒れたピピを見て、サバイバルキングらしく原因を究明しようと、立ち入り禁止になった博物館で捜索に当たるが……。慎重派のミキを連れて、危機的状況でもリーダーシップを発揮する。

> 化学薬品の急性アレルギーなんじゃない？

ミキ

普段は大人しいが、化学物質のことになると過敏に反応する。化学物質が原因で苦しむピピに優しく接するが、それが思わぬ誤解を生むことに……。有害物質についての豊富な知識と鋭い分析力で、事件解決に重要な役割を果たす。

Survival from **TOXIC CHEMICALS**

> ベイクアウトって食べ物？

ピピ

ケイに門前払いを食らいながらも、何とかして部屋に入ろうとする不屈の少女。しかしピカピカに掃除したばかりの研究室で、なぜか体に異変が起こる。ジャングル育ちで、化学物質に敏感なピピには今回は厳しいサバイバルだった……。誰とでもすぐに仲良くなれる性格で、入院中の少女から重要な情報を聞き出す。

> ウチの研究室には、細菌もウイルスも存在しないんだ！

ケイ

極度の潔癖症で、自分がいる空間には１つの細菌もホコリも許さない。掃除が大好きで、キャビネットの中には各種掃除用品や掃除の専門書が大量に置いてある。キレイにしたばかりの部屋を汚すジオたちも気に入らないが、自分の意見にいちいち反論してくるミキが癪に障る。

サバイバル科学知識

化学物質とは？

　化学物質は水や酸素のように自然界にもともと存在するもののほかに、人間が元素や化合物を組み合わせて人工的に作ったものがあります。このような化学物質は産業界ではもちろん、日常生活でも広く使われているため、人々の生活には無くてはならない物になっています。私たちの身の周りで、どんな化学物質が使われているのか調べてみましょう。

2つの顔を持つ、化学物質

　さまざまな洗剤や殺虫剤、医薬品、農薬、家電製品、衣類など、私たちがいつも使っている製品の多くは化学物質から作られています。化学物質の開発のおかげで、私たちの生活は便利で豊かになりました。農薬や化学肥料のおかげで農作物は病気にならず、生産量も増え、医薬品の開発で多くの病気が治療できるようになりました。また、プラスチックなどの便利な化学素材も開発されました。しかし化学物質には環境を汚染したり、人間に病気を発症させて命の危険をもたらすなどの被害を与える有害なものもあるのです。現在、世界中に流通している化学物質は約10万種と言われていますが、まだ有害であるかがよく確認されていない物もたくさんあります。

有害な化学物質が体内に入る経路

有害物質はさまざまな経路から、私たちの体内に入ってきます。農薬や防腐剤、食品添加物などに成分として含まれる有害物質は、食べ物を通じて運ばれて来ます。赤ちゃんは、むやみに物を口に入れたり、地面や床を触った手を舐めたりするので、有害化学物質が簡単に口から入ってしまいます。毎日使っているシャンプーや化粧品に入っている防腐剤は皮膚や頭皮から体内に吸収されます。洗濯する時に使う洗剤や柔軟剤に含まれる化学物質も、服と皮膚を通じて体内に入ります。また空気中からも体内に入る場合があります。殺虫剤や化粧品、防水加工のスプレーなどを使うと、空気中に散らばった化学物質を吸い込むことで体内に入ります。

おもちゃを舐める子供
赤ちゃんのそばに置くものは、特に注意が必要。

有害化学物質の人体への影響

化学物質の人体への影響は、その化学物質にどれだけの毒性があるかということと、どれだけの量を体に取り込むかによって決まります。
例えば毒性が低くても、その毒性に継続してずっと大量にさらされている（ばく露）と悪影響を受ける可能性が高く、反対に毒性が高い物質でも量が少なくわずかな時間であれば影響を受ける可能性が低いのです。このように物質の有害性とばく露量の観点から、人間と環境に悪影響を与える可能性を総合的に計算したものを「リスク」と言います。
化学物質は、人体に影響が出ないように取り扱うことが重要です。製品に書かれた使用法をきちんと守って使いましょう。

2章
化学博物館に出発！

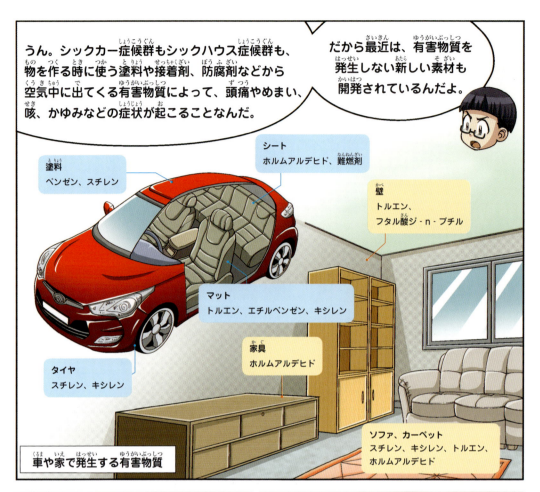

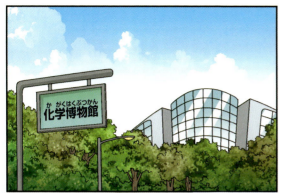

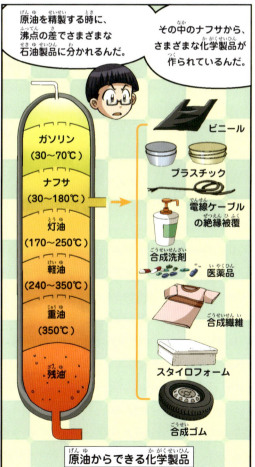

サバイバル科学知識

新しい家や自動車が病気の原因に？

シックハウス、シックカー症候群とは？

　新しく建てたばかりの建物に住んだり新品の自動車に乗ったりして、目に刺激を受けたり咳が出たり体がかゆくなったりする症状を、シックハウス症候群、シックカー症候群と言います。これらの症状を起こす有害物質は、主にホルムアルデヒドやトルエン、ベンゼン、キシレンなどの「揮発性有機化合物」です。揮発性有機化合物は融点が低く室温でも気体になりやすいので、空気中によく広がります。

　建築資材やペンキ、接着剤などから発生することが多いのですが、香水やヘアスプレー、洗剤、消毒剤など、一般家庭でもよく使う日用品からも発生します。特に刺激的なにおいが出るホルムアルデヒドは、短時間で高濃度に放出されるため、めまいや吐き気、下痢、けいれんを起こします。また、長い間接すると、がんになる可能性も指摘されています。

シックハウス症候群の予防方法

　シックハウス症候群を予防するためには建物を建てる時に、環境に優しい建築資材を使用するのが1番です。また、入居する前に、家の室内温度を上げてから換気することを繰り返す「ベイクアウト」で揮発性有機化合物を外に追い出し、入居後はよく換気をするという対策もあります。さらに、有害物質を吸収する炭や植物を家に置くのも良い方法です。植物は葉から有害物質を吸収して光合成をする過程で毒素を消しますし、根に移動した有害物質を土の中の微生物が分解したりします。

　アメリカ航空宇宙局（NASA）の研究によると、空気を浄化する植物のうちサンスベリア、ポトス、ディフェンバキアなどはホルムアルデヒド除去の効果が高く、ドラセナやスパティフィラム、アイビーなどはキシレンやトルエンの除去に効果があるそうです。

ゴムの木
ホルムアルデヒドの除去に効果が高いと言われている。

シックカー症候群の予防方法

　自動車は新車を買って約3カ月経つと、揮発性有機化合物の濃度が最大で95％も減ると言われています。そのため、車を買うと4カ月ほどはシックカー症候群の予防に努めなければなりません。この時、最も大事なことは換気です。車に乗る前や走行中にはできるだけ窓を開けて有害物質が出て行くようにします。また、ビニールカバーを付けたままにしておくと有害物質が中で充満するので、車を買ったらすぐにビニールカバーを外しましょう。
　車内の温度が上がると有害物質の放出量が増えるので、適度な温度を維持することも重要です。エアコンやヒーターのフィルターを交換したり、車内やマットなどをよく掃除することも忘れないようにします。

換気する

ビニールカバーを取る

適温を維持する

車内を掃除する

肺がんの原因第2位、ラドン

　空気中には、自然界にもともとある有害化学物質もあります。ラドンもそんな物質の1つで、地殻の岩石に含まれているウランが崩壊を重ねて自然にできた天然の放射性物質です。ラドンは、主に地殻から放出したものが建物の床や壁の隙間に入ることで、家の中にまで入り込みます。世界保健機構（WHO）の調査によると、タバコに続いてラドンが肺がん発病の原因の第2位になっています。家の中のラドン濃度を下げるためには、定期的に換気をして空気を入れ替えたり、床や壁の気密性を高めたりすることで効果があると言われています。ちなみに、日本は世界の中でもラドン濃度の低い国です。

3章 食卓の有害物質？

＊現在食品用に使われているプラスチックは、一般的な使い方をしていれば、健康への影響はないとされています。

お、素材が書いてある。

例えば日本の場合、「食品衛生法」などで、食器に使うプラスチックの有害物質を規制しているし、製造業者も自主的に厳しい基準を設けているんだ。

食品、飲料用容器に使われるプラスチックの例

●ポリプロピレン（PP）
落としても壊れにくく、柔らかさがある。熱に強い。

●ポリエチレン
ポリプロピレンに似た特徴を持つが、熱に弱い。

●ポリカーボネイト（PC）
落としても壊れにくく、硬い。熱に強い。

●メラミン樹脂
硬いが、PPやPCよりは壊れやすい。熱に強い。

へえー。これはポリプロピレンだよ。

材質：ポリプロピレン

それでも僕はなるべくプラスチックの食器を使いたくないなあ。

プラスチックよりガラスや陶磁器の食器がいいし、プラスチックの食器は長時間過熱するのには向いてないんだ。

ふ〜ん。とにかくこれは大丈夫な食器だし、難しい話は……。

食べてからにしようよ。

え？料理が全部無くなってる！

カラ〜ン

サバイバル科学知識

日常生活の中の化学物質

歯磨き粉やシャンプー、洗剤、漂白剤など、私たちが毎日使う日用品にはたくさんの化学物質が含まれています。家庭で使われる化学製品の場合、用途や量を適切に使えば危険なことはありませんが、中には注意が必要な化学物質が含まれている場合もあります。注意が必要な化学物質には、いったいどんな物があるのでしょうか？

トリクロサン

細菌やカビを除去する性質が強いので、石けんや歯磨き粉、口腔洗浄剤などに抗菌成分として広く使われていました。しかし、ガンや甲状腺機能低下など内分泌系障害を誘発することが分かり、アメリカは2016年に、トリクロサンなどの抗菌成分を含む抗菌石けん（薬用石けん）の製造販売を停止しています。日本でも、製造販売業者に薬用石けんに使っているトリクロサンを別の成分に切り替えるよう、促しています。

イソチアゾリノン系

イソチアゾリノン系の抗菌剤は、化粧品をはじめ塗料、接着剤、衛生用品など、さまざまな製品に使用されています。近年、これらの抗菌剤による皮膚や目などへの健康被害が報告されています。

ビスフェノールA

缶詰や紙コップのコーティング剤、プラスチック容器の原料として使われていて、日常生活で接することの多い物質です。多くの場合は4～5時間経つと尿として体外に排出されますが、毎日継続して長期間使い続けると問題を起こすと言われています。どれくらいの量で体に害を与えるのかは、まだ学者によって説が分かれていますが、内分泌かく乱作用を起こす可能性があり、注意が必要な化学物質の1つです。

フタル酸エステル

フタル酸エステルはプラスチックを柔らかくするためによく使われる化学物質です。おもちゃのようなポリ塩化ビフェニル製品や化粧品、壁紙や床材など、身近な製品にもよく使われています。しかし、成長期の子供らが長く接すると、多動性・衝動性を特徴とするＡＤＨＤ（注意欠陥多動性障害）を起こす可能性があり、男性ホルモンを抑制すると言われています。2015年から食品容器にはフタル酸エステルの使用が制限され、2010年からはおもちゃなどの子供用製品にはフタル酸ジ-2-エチルヘキシルなどのフタル酸系物質の使用が制限されています。

化学物質を規制する法律

日本には、「*化審法」という法律があります。この法律により、新たに製造・輸入する化学物質は安全性を調べることになっていたり、すべての化学物質について一定以上の量を製造・輸入する業者は届け出が必要だったりするなど、化学物質は規制されています。
しかし、安全性が確認されていても、体質などによっては過敏に化学物質に反応することもあります。化学製品を買う時には、成分を確かめるなど、自分で気を付けることも大切です。

＊正式には「化学物質の審査及び製造等の規制に関する法律」（化学物質審査規制法）と言います。

4章
ピピの危機

サバイバル科学知識

化学製品を安全に使う方法

　人間が食べたり、着たり、身に付けたりするすべての物は、化学物質と無関係ではありません。私たちは、ほぼ24時間ずっと化学製品に囲まれていると言っても過言ではありません。しかし、化学製品に含まれる物質の中には毒性のある物もあるので、使用説明書などに書かれている正しい使い方や注意をよく読むことが必要です。

使用量を守る

　商品に書かれている適量は、必ず守りましょう。洗剤の場合、泡がたくさん出れば出るほどキレイに洗えているというわけではありません。高濃縮製品の場合、少な過ぎると感じるぐらいの量が適量になります。洗剤の使用量を最小限に抑えるようにすれば、体に安全なだけでなく環境汚染も減らすことができます。

換気をする

　普段から家の中の換気をすることは大事ですが、強い洗剤を使って掃除をしたり、スプレー製品を使ったりする時には、必ず換気をしなければなりません。特に塩素系洗剤を使う場合には、掃除中やその後に必ず換気をしましょう。

成分表示を確認する

　化学製品の容器には製品の成分や使用方法はもちろん、副作用や応急処置方法についても書かれている場合があります。使用量と使用方法をしっかり読んで、必ず守りましょう。

品名／カビ取り用洗浄剤　成分／次亜塩素酸塩、水酸化ナトリウム（0.5％）、界面活性剤（オキシルアミンオキシド）、安定化剤　液性／アルカリ性
使用上の注意
1. 用途以外に使わない。
2. 液が目に入らないように注意。
3. 必ず単独で使用。酸性タイプの製品や食酢、アルコール、アンモニア等と混ざると有毒ガスが発生して危険。

換気をして使うのね！

安全に保管する

　小さな子供がいる家庭では、洗剤や医薬品、ペンキなどの塗料など、どんな化学製品でも、フタをきちんと閉めて子供の手が届かない場所に保管しなければなりません。大容量の製品を購入して他の容器に入れ替えて使うのは、できるだけ避けましょう。自分以外の人が間違って他の用途に使ってしまうことがあるからです。使い残して古くなった洗剤や医薬品などは、そのまま捨てないで、住んでいる地域で決められた廃棄方法を守って処分しましょう。

環境に優しい製品を選ぶ

　プラスチックなどの化学製品は、製造したり処分したりする時に、環境に大きな影響を及ぼすこともあります。製品を買う時は、エコマークが付いている製品を選んで買うようにしましょう。エコマークは他の同様の製品に比べて、有害物質が少ないなど、環境のことを考えた製品につくマークです。環境に優しい製品は日本環境協会のエコマーク事務局（www.ecomark.jp）で確認することができます。

エコマーク

有害物質を排出させる健康習慣

　野菜や果物、海藻類をよく食べると、有害物質の排出に役立ちます。これらの食品には繊維質が多く含まれていて、有害物質を吸着して大便となって排出するため、有害物質が大腸で吸収されるのを防いでくれるのです。また、運動して血液循環が円滑になると体内の有害物質が排出されやすくなります。運動を続けて健康を維持していると、有害物質に負けないようになるのです。

5章
原因を究明せよ！

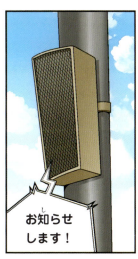

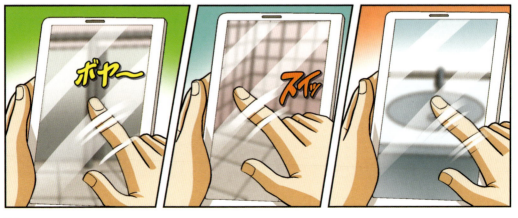

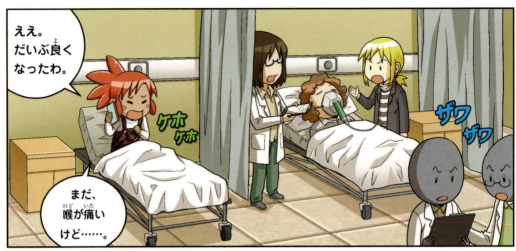

サバイバル科学知識

化学物質の使用に敏感なミキの1日

ミキは普段から、あまり化学物質に接しないように努力をしています。朝から晩までミキの1日に密着して、有害な化学物質になるべく触れないようにするためにはどうしたらいいのか、見てみましょう。

午前8時：起床、シャワー

朝、早く目が覚めたのでシャワーを浴びた。髪の毛を洗う時は、シャンプー剤が残らないようによくすすがないと。もちろん、リンスを使う時も同じだ。なにしろ、シャンプーやリンスには、界面活性剤が入っているからね。もし、シャンプーやリンスをすすぎ残したら、頭皮がかゆくなったりするかも知れないんだ。

500円玉の大きさが目安だよ！

午後1時：お昼ごはん

お昼にサツマイモの天ぷらが出た。サツマイモのように炭水化物の多いもので揚げ物を作ると、アクリルアミドという物質ができやすい。アクリルアミドは発がん性があり、今のところ人間への影響は確認されていないけど、大量に取るのは良くないらしい。だから僕は、揚げ物だけじゃなくて、果物やサラダなどもバランスよく食べた。こうすると、アクリルアミドを取る量を少なくすることができるんだ。

午後3時：買い物

午後、ジオと新しい服を買いに行った。ジオが気に入った服は薬品のにおいがした。家に帰ってから、新しい服に残ってる化学物質を洗い流すために洗濯するようにアドバイスした。

これがいいや！

何か薬品のにおいがするぞ！

午後7時：宿題

学校の宿題をするために、パソコンを使った。買ったばかりの新しいインクで印刷をしようとしたけど、どんな成分が含まれているか心配になった。それで、メーカーが出している「製品安全データシート」をインターネットのホームページからダウンロードして、安全性を確認しておいた。

午後10時：就寝

寝る時に蚊がいたので、殺虫剤を撒く代わりに蚊帳を吊ってその中で寝た。ポリエステルなどの合成繊維ではなく、天然繊維である綿のパジャマを着てベッドに入った。

さすがにちょっと神経質過ぎるんじゃないか？

 天然成分のほうが安心？

人工的に作られた化学物質よりも、天然の素材のほうが安全と思っていませんか。そのように考えて、なるべく天然成分のものを使おうとする人たちもたくさんいます。たとえば、化学洗剤の代わりに重曹を使って食器を洗ったり、殺菌剤の代わりにクエン酸を使ったりしています。皮膚の弱い人などは、刺激の強い化学洗剤よりも、刺激の少ない天然素材のものを使ったほうが、体に良いこともあるでしょう。しかし、「天然のもののほうが人工のものより体に良い」と単純に考えるのは間違いです。

天然のものでも、有害物質を含んだものはたくさんあります。また、たとえば化学物質を避けるために、保存剤の入っていない歯磨き粉を使う場合、管理をしっかりしないと雑菌が増えて、かえって体に悪いということもあります。

製品に含まれている成分について、人工であっても天然であっても、正しい知識を持つことが大切なのです。

重曹を使った洗面台掃除
アルカリ性の重曹が酸性の汚れを中和して、キレイに取り除くことができる。

6章
毒ガスの正体は？

掃除のおばさん以外は患者が子供だったのも、目や喉を刺激する症状も……。

どれも塩素ガスの発生だと考えれば、説明がつく！

塩素ガス……？何それ？

塩素ガスは、第一次世界大戦の時、ドイツ軍が戦場で毒ガス兵器として使ったこともある危険なものなんだ。

漂白剤とお酢でそんなに危険なガスが発生するのか？

ゲホッ
ゲホ
ゲホッ

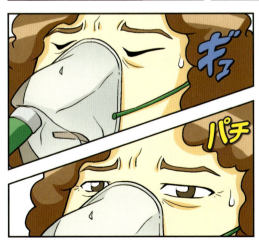

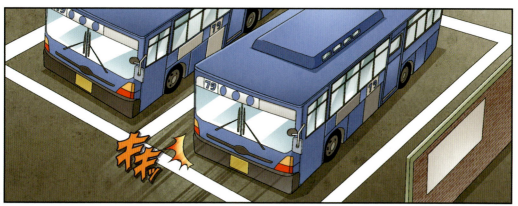

サバイバル科学知識

化学物質による急性中毒

急性中毒と慢性中毒

中毒は有害物質が体内に入って身体機能に問題を起こすことで、大きく急性中毒と慢性中毒の2つに分かれます。急性中毒は家庭や仕事場などで、不注意で高濃度の有害物質が体内に入った場合によく起こります。医薬品や化粧品などを子供が好奇心で飲んでしまったり、仕事場で危険物質を浴びてしまったりした場合などは、めまいや発疹などの症状が出たり、ひどい場合は命にかかわることもあり、注意が必要です。一方、慢性中毒は少量の有害物質に長期間接することで起こり、症状が徐々に現れたり、しばらく後になってから起こったりします。慢性中毒の場合、長期間にわたって症状が出るので、明らかな原因が分かりにくく原因が分かった時には症状が深刻になってしまっている場合もあります。

身の周りの化学製品による急性中毒

家庭で使う化学製品の場合、ほとんどの物は用法や量を正しく使えば安全ですが、子供が間違って口にしてしまったり、触ってしまった場合、致命傷を負いかねません。日本中毒情報センターの2013年のデータによると、急性中毒患者のうち80％以上が、5歳以下の子供です。また、急性中毒の原因としては、約60％がタバコや化粧品、洗剤などの家庭用品の誤飲です。

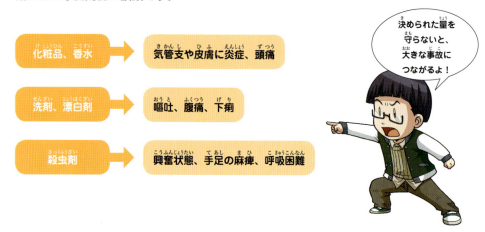

急性中毒が発生した場合

化学製品を飲んだり皮膚についてしまったりして、中毒症状で苦しんでいる場合、急いで119番に連絡しましょう。意識がはっきりしていて、呼吸や脈拍に異状がなくても、応急処置をしましょう。

原因となったものによって対処法が違うので、まずは、周りに散らばっているビンや箱などで、原因となったものを確認する。

●飲み込んだ場合
・口の中のものを取り除いて、口をすすぐ。
※吐き出させることは、吐いたものが気管や胃に入って危険なのでやめる。
・容器に酸性やアルカリ性と書かれているもの、界面活性剤を含んでいるもの、乾燥材や除湿剤の場合は、水や牛乳を飲ませる。
※石油製品やタバコ、防虫剤の場合は症状が悪化する危険があるので飲ませてはいけない。

●目に入った場合
・目をこすらないように流水で10分以上洗う。

●皮膚についた場合
・化学製品がついた服はすぐ脱いで、皮膚を大量の水で洗う。

参考：公益財団法人日本中毒情報センターウェブサイト
　　　(http://www.j-poison-ic.or.jp)

なぜ子供の方が有害物質の影響を受けるの？

幼い子供は体重に比べて水や空気、食べ物の摂取量、呼吸量が多く、胃で吸収する速度も早いので、同じ有害物質でも大人よりも毒性の影響を強く受けてしまいます。また、体内に入った有害物質を外に排出する機能も未熟なので、その影響が大きいのです。その上、大人に比べて身長が低いので地面近くの空気やほこりを吸い込んだり、いろいろなものをすぐ口にしたりするので、大人よりも有害物質の被害を受ける可能性が高いのです。

7章
怪しいK町

＊中皮腫で20〜50年、肺線維症で10〜20年の潜伏期間だと言われています。

サバイバル科学知識

環境を破壊する有害物質

2001年5月、日本を含むおよそ100カ国の代表が、スウェーデンのストックホルムに集まり、「ストックホルム条約」を採択しました。この条約は、ダイオキシン類やDDT（ジクロロジフェニルトリクロロエタン）、ポリ塩化ビフェニル（PCB）など毒性の強い「残留性有機汚染物質（POPs）」の製造や使用を禁止するなどして、毒性が強いだけでなく生物に蓄積する汚染物質から、人々の健康や環境を保護することを目的としたものです。残留性有機汚染物質はいったい何が危険なのでしょうか？

風や海流に乗って広がる有害物質

ポリ塩化ビフェニルは電気を通さず熱にも強いので、多くの電化製品に使われていましたが、現在は生産も使用も中止されています。しかしある調査によると、汚染源から数千km離れた北極にすむ動物や人々の体から非常に高い濃度のポリ塩化ビフェニルが見つかりました。

その理由は、ポリ塩化ビフェニルやなどの残留性有機汚染物質が大気中に出ていくと、大気の流れによって移動し、雨や雪に混じって再び地上に落ちる……ということを繰り返して、北極や南極のような遠い所まで移動していくからです。バッタがピョンピョン跳びはねる様子と似ていることから「グラスホッパー現象」と呼ばれています。

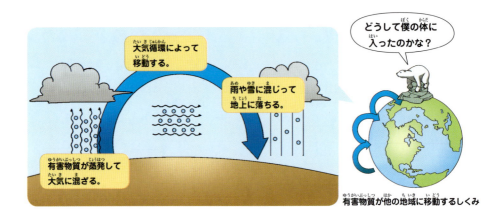

有害物質が他の地域に移動するしくみ

食物連鎖で凝縮する有害物質

　有害物質は1つの個体の中で蓄積されるだけでなく、食物連鎖によって上位の捕食者へと伝わり、分解されない有害物質はどんどん蓄積し、その濃度は100〜1億倍にまで高まります。これらの有害物質がある生物の体内に入って食物連鎖の上位にいくほど濃度が高くなる現象をまとめて「生物濃縮」と言います。残留性有機汚染物質以外にも水銀のような重金属類もまた、1度吸収されると分解されず簡単には体外へも排出されないので、長い間生物の体内に残ってしまいます。

　1956年熊本県水俣市で発生した水俣病事件は生物濃縮による事故の代表的な例です。化学工場が廃棄した水銀が海洋生態系を汚染し、そこの魚や貝類を食べた人々の体に水銀が蓄積して神経系の障がいを引き起こして人々を苦しめ、多くの死者を出しました。

 殺虫剤の危険性を指摘した生物学者

　ＤＤＴ（ジクロロジフェニルトリクロロエタン）は1940年代の初めから普及し、よく使われた殺虫剤であり農薬です。害虫や雑草への効果が高く、この性質を発見したスイスの科学者ミュラーはノーベル生理学・医学賞を受けるほどでした。しかし1962年レイチェル・カーソンの著書『沈黙の春』によってその問題点が警告されました。ＤＤＴをむやみに使うと、虫を食べる鳥達にも殺虫成分が蓄積するだけでなく、卵を産んでも無事に孵化せずしまいには鳥がいなくなってしまうという内容で、その後ＤＤＴがガンを誘発し、生殖機能に異常を起こすことが明らかになり、1970年代からは世界中で使用が禁止されました。

8章
怪しい謎の影

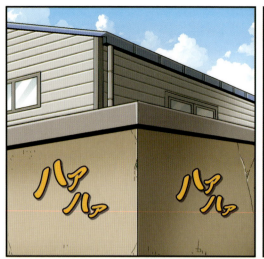

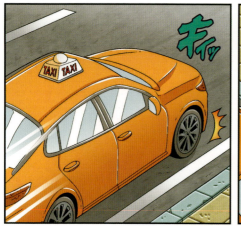

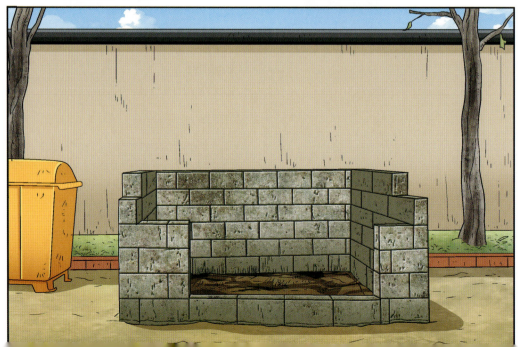

代表的な化学物質による被害

ラブ・キャナル事件

　1890年代に、ナイアガラ滝近くに運河を建設する計画で掘られた土地が、その後数十年も放置されていました。1940年代にフッカー・ケミカルという化学会社が許可を取ってこの土地に、約2万トンを超える化学廃棄物を鉄製のドラム缶に入れて埋めたのです。その後、空き地となったこの埋め立て地をナイアガラ・フォールズ市が購入し、小学校や住宅が建てられました。そして1978年に、大雨と大雪の影響で、汚染された地下水が、住宅の庭や地下室にしみ出したことで、環境被害が明るみに出ました。

　調べてみると、住民の中に呼吸器疾患や皮膚疾患などを訴える人が多く、流産や障害を持った赤ちゃんの出産率が高いことが分かり、これらは地下に埋められていた有害物質が原因と考えられました。

　結局、1980年に当時のカーター大統領が緊急事態宣言を出し、住民たちは全員移住することになりました。

鉄条網で仕切られたラブ・キャナル
人々や動物が近付かないように、鉄条網で周囲を囲っている。

カネミ油症事件

　1968年、日本のカネミ倉庫という会社が製造した食用油を摂取した人々が、中毒症状を起こすという事件がありました。人々の病気は次第にひどくなり、手足の痺れや心臓疾患肝臓疾患など、重大な健康被害を引き起こしたのです。妊婦だった患者が黒い色素が沈着した赤ちゃんを出産するなど、社会的に大きな波紋を呼びました。調査の結果、食用油を製造する時にポリ塩化ビフェニル（PCB）が混入したことが原因でした。その後、日本ではポリ塩化ビフェニルを有害物質と定めて使用を禁止しています。

サリドマイド事件

　1957年西ドイツ（ドイツ）の製薬会社でサリドマイドを主成分とする睡眠薬が開発され、ヨーロッパやアフリカ、日本を含む約40カ国以上で広く使われました。その後、それらの国で手足が痺れたり、手足に障害を持った赤ちゃんが産まれてくるようになったのです。その原因は、サリドマイドが胎児に影響を与え起こった副作用でした。
　マウスや犬、猫を対象にした実験では安全だったため、人間に大きな影響を与える副作用があるとは予想外だったのです。結局、この薬は発売から5年で販売を禁止され、この事件以降医薬品を販売する前の安全性を確認する実験は、一層強化されました。

フランシス・ケルシー
アメリカ食品医薬品局（FDA）の審査官だったが、サリドマイドを許可しなかったため被害を食い止めた。

世界中で数万人の被害者を出したが、フランシスのおかげで、アメリカでは数十人だけだったんだ。

加湿器殺菌剤事件

　加湿器の殺菌剤は、細菌の繁殖や水垢を防ぐために加湿器の水に溶かして入れる製品です。韓国では、この殺菌剤に入っているポリヘキサメチレングアニジンなどの化学物質はシャンプーやウエットティッシュにも消毒剤として使われている成分でしたが、鼻から吸収した場合の安全性は検証されていない状態でした。しかし1994年から2011年まではこれらの成分が入った約20品目の殺菌剤が販売されており、これによる被害が起こり始めました。
　結局2011年保健局の調査によると、加湿器殺菌剤を使用した人はしない人に比べて肺疾患の被害が約47倍以上起こったと発表されました。調査の結果を受けて会社は販売を中止しましたが、多くの乳幼児、妊婦、老人が肺疾患を発症したり死亡したりしていました。2016年末まで韓国政府が確認した患者は4306名、死亡者は1006名にものぼりましたが、実際の被害者はそれ以上だとも言われています。

9章 化学廃棄物処理工場の秘密

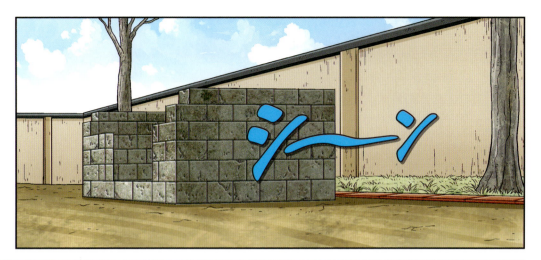

「有害物質のサバイバル」おしまい。

有害物質のサバイバル

2018年4月30日　第1刷発行
2025年3月20日　第16刷発行

著　者　文　スウィートファクトリー／絵　韓賢東
発行者　片桐圭子
発行所　朝日新聞出版
　　　　〒104-8011
　　　　東京都中央区築地5-3-2
　　　　編集　生活・文化編集部
　　　　電話　03-5541-8833（編集）
　　　　　　　03-5540-7793（販売）

印刷所　株式会社リーブルテック
ISBN978-4-02-331700-0
定価はカバーに表示してあります

落丁・乱丁の場合は弊社業務部（03-5540-7800）へ
ご連絡ください。送料弊社負担にてお取り替えいたします。

Translation：HANA Press Inc.
Japanese Edition Producer：Satoshi Ikeda
Special Thanks：Noh Bo-Ram / Lee Ah-Ram
　　　　　　　　（Mirae N Co.,Ltd.）

サバイバルシリーズ ファンクラブ通信

おたより大募集

ゆうびんも メールも ドシドシ！

ファンクラブ通信は、サバイバルの公式サイトでも読めるよ！

みんなからのお手紙、楽しみにしてるよ～♪

読者のみんなとの交流の場、「ファンクラブ通信」が誕生したよ！クイズに答えたり、似顔絵などの投稿コーナーに応募したりして、楽しんでね。「ファンクラブ通信」は、サバイバルシリーズ、対決シリーズの新刊に、はさんであるよ。書店で本を買ったときに、探してみてね！

おたよりコーナー ①

ジオ編集長からの挑戦状

『○○のサバイバル』を作ろう！

みんなが読んでみたい、サバイバルのテーマとその内容を教えてね。もしかしたら、次回作に採用されるかも！？

例：冷蔵庫のサバイバル
何かが原因で、ジオたちが小さくなってしまい、知らぬ間に冷蔵庫の中に入れられてしまう。無事に出られるのか!?（9歳・女子）

おたよりコーナー ②

キミのイチオシは、どの本!?

サバイバル、応援メッセージ

キミが好きなサバイバル1冊と、その理由を教えてね。みんなからのアツ～い応援メッセージ、待ってるよ～！

例：鳥のサバイバル
ジオとピピの関係性が、コミカルですごく好きです!!サバイバルシリーズは、鳥や人体などの、いろいろな知識がついてすごくうれしいです。（10歳・男子）

おたよりコーナー ③

ピピが審査員長！2コマであそぼ

お題となるマンガの1コマ目を見て、2コマ目を考えてみてね。みんなのギャグセンスが試されるゾ！

例 お題：井戸に落ちたジオ。なんとかはい出た先は!?
地下だったはずが、なぜか空の上!?

おたよりコーナー ④

ケイ館長の サバイバル美術館

みんなが描いた似顔絵を、ケイが選んで美術館で紹介するよ。

上手い！

みんなからのおたより、大募集！

① コーナー名とその内容
② 郵便番号
③ 住所
④ 名前
⑤ 学年と年齢
⑥ 電話番号
⑦ 掲載時のペンネーム（本名でも可）

を書いて、右記の宛て先に送ってね。掲載された人には、サバイバル特製グッズをプレゼント！

● 郵送の場合
〒104-8011 朝日新聞出版 生活・文化編集部
サバイバルシリーズ　ファンクラブ通信係

● メールの場合
junior@asahi.com
件名に「サバイバルシリーズ　ファンクラブ通信」と書いてね。
※応募作品はお返ししません。※お便りの内容は一部、編集部で改稿している場合がございます。

ファンクラブ通信は、サバイバルの公式サイトでも見ることができるよ。

[科学漫画サバイバル] [検索]

「科学漫画サバイバル」シリーズが読めるサイト
サバイバル図書館

無料で読める!

お気に入りのタイトルを見つけよう!

いつでも「ためし読み」
「科学漫画サバイバル」シリーズのすべてのタイトルの第1章が読めます

期間限定で「まるごと読み」
サバイバルや他のシリーズが1冊まるごと読めます

最初は大人と一緒にアクセスしてね!

ウェブサイトはこちら➡

※読むには、朝日IDとサバイバルメルマガ会員の登録が必要です(無料)

© Han Hyun-Dong /Mirae N